AF495317

MÉMOIRE

SUR

L'ASTRONOMIE NAUTIQUE;

Et particuliérement fur l'utilité des méthodes graphiques pour le calcul de la longitude à la mer, par les distances de la lune au foleil & aux étoiles.

PAR LE CITOYEN ROCHON,

Membre ~~de la première claffe~~ de l'Inftitut national de France, & directeur de l'Obfervatoire de la marine au port de Breft.

Os homini fublime dedit, cœlumque tueri
Juffit, & erectos ad fidera tollere vultus.
Ovid. Metam. lib. I. fab 11.

L'ASTRONOMIE nautique eft le vrai guide du navigateur ; cette fcience n'eft ni difficile ni étendue ; elle fe borne aux premiers élémens de l'aftronomie, & à la folution de quelques triangles fphériques, qui donne aux marins, avec la précifion requife à la fûreté de la navigation, la latitude, la longitude, l'heure & la variation de l'aiguille aimantée. Mais fi cette fcience n'a pas de limites plus étendues, fi elle eft auffi circonfcrite dans fes ufages, elle n'en mérite pas moins, par fon utilité, de fixer l'attention des favans ; auffi voyons-nous que des hommes profondément verfés dans l'étude des fciences exactes, n'ont pas dédaigné de s'en occuper. Ils ont fait plus, ils ont cherché, par des méthodes indirectes

& graphiques , à se mettre à la portée du commun des navigateurs. Il est sans doute affligeant de penser que l'art de descendre à la portée du commun des hommes ne soit pas sans quelques difficultés ; c'est une triste vérité que les savans du premier ordre ne sentent peut-être pas aussi vivement que des hommes moins instruits. J'ai cru reconnoître que des savans justement célèbres par l'étendue de leurs connoissances , n'avoient pas toujours été aussi utiles qu'ils eussent dû l'être, s'ils eussent mieux jugé, s'ils eussent mieux connu l'influence d'une éducation négligée sur la grande majorité des hommes. On pourroit dire plus ; mais c'est ici le cas de s'arrêter, & de montrer uniquement que des hommes, qui dès la plus tendre enfance ont appris à regarder des chimères comme des réalités, & à prendre des absurdités pour des vérités, ont souvent besoin, dans les choses qui leur sont absolument nécessaires, des moyens proportionnés à leurs foibles conceptions ; & pour me rapprocher du but que je me propose , je citerai pour exemple les efforts que le citoyen Lalande a été forcé de faire récemment pour calmer la terreur occasionnée dans toute l'étendue de la République par le grand éclat de Vénus , que l'on prenoit pour une comète qui préfageoit les plus terribles calamités. La célébrité de cet astronome a à peine suffi, non pour éteindre , mais pour calmer les fâcheuses impressions que l'apparition de cette planète avoit causées. Tout autre peut-être y auroit échoué, tant les choses tiennent à la renommée. C'en est assez, revenons à la science nautique.

L'art du pilotage consiste à conduire un vaisseau d'un port dans un autre, quelle que soit leur distance respective ; la partie de l'art qui concerne l'entrée & la sortie des ports, la navigation à la vue des côtes, la connoissance des écueils & des mouillages ne sont pas susceptibles de préceptes, la perfection des cartes dans le détail & la longue expérience des marins, font les seuls secours que l'on ait dans ce genre.

Il n'en est pas de même de la navigation en pleine mer : une

fois la pofition refpective des différens lieux déterminée ou par l'eftime répétée des voyageurs, ou, mieux encore, par des obfervations aftronomiques, on faura la quantité de chemin qu'il faudra
faire pour fe rendre dans un lieu donné, & en même temps la
direction qu'il faudra fuivre. Les pilotes mefurent le chemin que
l'on a fait par le lock ; la bouffole corrigée de la variation leur
indique la direction qu'ils doivent prendre, il ne leur refte donc plus
qu'à rapporter fur les cartes marines le réfultat de ces deux opérations, pour en déduire la pofition du lieu où ils devroient être, fi ces
opérations étoient fufceptibles de précifion, & fi les courans n'en
augmentoient pas l'incertitude. Mais comme ce tranfport de la route
fur la carte demande & exige des répétitions trop fréquentes, vu
l'inconftance des vents & la variété de la route qui en eft une fuite,
on a cherché à fubftituer une méthode plus commode : de-là le
quartier de réduction, au moyen duquel on décompofe la route du
vaiffeau dans le fens de la longitude & dans celui de la latitude. Cet
inftrument, qui donne la folution de tous les triangles rectangles,
eft tellement ufité dans la marine, que l'on ne fauroit rendre un
plus grand fervice que d'en étendre les applications & l'ufage, &
de le faire fervir aux problêmes les plus difficiles de l'aftronomie
nautique ; c'eft là le but que je me fuis propofé, & l'inftitut jugera
fi mes effais ont eu quelques fuccès.

Je fais bien que l'on peut faire les opérations que je viens d'indiquer par le calcul ; mais lorfque le navigateur ne connoît pas les
principes des trigonométries rectilignes & fphériques, les tables des
logarithmes & des finus ne font plus dans fes mains qu'une efpèce
de méthode graphique ; & pourquoi chercher à le priver d'un inftrument qui fuffit à fes befoins, & dont l'ufage lui eft fi familier ?
Que ceux qui cherchent à changer trop fubitement les habitudes des
hommes, les connoiffent peu ! Je fuis forcé de le dire pour la fûreté de la navigation & le falut du navigateur, il eft de la plus
haute importance de leur permettre d'employer les anciennes me-

fures , jufqu'au temps où ils feront affez familiarifés avec les nou-
velles , pour qu'il n'y eût point à craindre erreur & confufion. Quel
reproche n'aurois-je pas à me faire , fi je n'avois pas le courage
d'avertir d'un danger auffi éminent ! du moins il eft tel à mes
yeux, & je defire que des hommes plus clairvoyans me démon-
trent que je fuis dans l'erreur.

N'avons-nous pas vu de nos jours la frégate *la Médufe*, capitaine Tanouarn, s'égarer dans la mer des Indes de la manière la
plus étrange, parce que le pilote avoit ajouté la déclinaifon au lieu
de la fouftraire, ou l'avoit fouftraite au lieu de l'ajouter? Ce bâ-
timent fe trouva en 1787 près de l'entrée de la mer Rouge, fe croyant
peu éloigné de l'Ifle de-France. Ce fut l'apparition de l'étoile du nord
qui démontra avec la dernière évidence que ce vaiffeau étoit dans le
nord au lieu d'être dans le fud de la ligne. A cette époque, le
capitaine Tanouarn étoit très-dangereufement malade , & on ne
peut pas fans injuftice lui imputer cette dangereufe & étonnante
erreur. Le navigateur n'y feroit pas expofé, fi le citoyen Lalande,
qui rédige la connoiffance des mouvemens céleftes, vouloit déformais donner la diftance du foleil au pôle, au lieu de fa déclinaifon.

J'ai dit que les opérations qui fe font faites jufqu'à ce jour par
le quartier de réduction, n'étoient qu'un fimple corollaire des fo-
lutions que l'on obtient par la trigonométrie rectiligne des triangles rectangles. Mais, quoique le calcul foit plus rigoureux dans
tous les cas que la folution donnée par cet inftrument, il eft évi-
dent que les inexactitudes attachées au lock & à la bouffole rendent le degré de précifion que l'on obtient par la trigonométrie abfolument inutile.

Quelques Mécaniciens ont cherché à perfectionner le lock. Ils
n'ont fait qu'imiter plus ou moins parfaitement l'efpèce de balance
propre à mefurer l'impulfion qui a été décrite par Bouguer, fans
fonger que le remoux du vaiffeau fait éprouver de grandes varia-

tions aux corps qui en font plongés trop près : c'est cette confidération qui engage à préférer dans la marine le lock ordinaire, & celui à forme conique de Bouguer, à tous ceux qui ont été propofés depuis ce célèbre académicien. D'ailleurs les courans & la variation de la bouffole rendent toujours l'eftime incertaine ; & ce feroit peu connoître les befoins de la navigation, que de fe perfuader que le perfectionnement de cet inftrument importe à fa fûreté. C'eft l'aftronomie nautique qui peut feule fervir de guide affuré au navigateur ; c'eft elle feule qui redreffe en même temps les erreurs inévitables du lock, de la bouffole, des dérives & des déviations que l'on éprouve par les courans. La connoiffance exacte de la latitude eft ftrictement ce qu'il faut au navigateur ; il ne peut pas fe paffer de cette connoiffance ; & c'eft l'obfervation méridienne des aftres, dont il connoît la déclinaifon, qui la lui procure. Je vais entrer à ce fujet dans quelques détails qui peuvent être fuperflues pour l'inftitut, mais qui ne le feront pas pour les marins.

Lorfque par la hauteur méridienne d'un aftre dont la déclinaifon eft donnée, les marins prennent le plus ordinairement le foleil, le pilote a reconnu que le vaiffeau étoit par la latitude obfervée du port où il lui importe d'aborder ; alors il fe croit affuré de trouver ce port, en dirigeant fa route vers l'eft ou vers l'oueft, en fe maintenant en latitude, de manière que la terre qu'il rencontrera ne puiffe être éloignée que de quelques minutes, afin d'éviter toute méprife fur le vrai lieu où il lui importe de fe rendre. Mais tout navigateur prudent a grand foin, avant de fe mettre en latitude, de fuppofer qu'il peut avoir une grande erreur en longitude, & cette incertitude s'élève felon les parages qu'il a à traverfer, & la longueur de la route, jufqu'à cent myriamètres & plus (250 lieues). Dès qu'il fort du port, il prend fes difpofitions en conféquence, pour être à cent myriamètres, plus ou moins, au vent du lieu de l'atterage.

Cependant, malgré la fimplicité de cette opération, malgré la facilité de cette manœuvre, nous avons encore vu de nos jours des vaisseaux manquer leur mission; & les exemples en font affez fréquens, affez nombreux, pour qu'il ne foit pas poffible d'en faire ici l'énumération. D'ailleurs, nous ne nous occuperons point de la latitude; tous les livres élémentaires de la navigation entrent fur ce fujet dans des détails qui ne nous permettent pas d'en entretenir plus long-temps l'inftitut. Il eft cependant une queftion qui a été le fujet d'un prix fondé par le célèbre Raynal. L'académie des fciences propofa en 1791, d'après le confentement du fondateur, la queftion fuivante : *Déterminer à la mer la latitude, par une méthode fûre, à la portée du commun des navigateurs, & qui ne fuppofe pas l'obfervation immédiate de la hauteur méridienne de l'aftre.*

Ce prix ne fut pas adjugé, parce que l'académie des fciences fut diffoute à cette époque; mais nous penfons que le citoyen Maingon, lieutenant de vaiffeau, l'auroit remporté, d'après le mé_moire & la carte imprimée qu'il a publié à ce fujet. Nous connoiffons, depuis l'année 1771, la méthode de Dowes, & nous convenons qu'il a cherché à rendre à la marine un fervice effentiel ; mais, nous le répétons, celle du citoyen Maingon eft plus à portée du commun des navigateurs, & par conféquent beaucoup plus utile. Quoiqu'il en foit, l'obfervation de la latitude par la hauteur méridienne des aftres, exige fi peu de précifion, que dans notre jeuneffe nous avons vu les pilotes fe fervir de l'arbaleftrille & du quart nonante, pour prendre hauteur. A peine faifoit-on ufage de l'octant de Hadley. Ce n'eft que depuis qu'on a entrepris de procurer au navigateur la longitude par les diftances apparentes de la lune au foleil, ou à une étoile, qu'on s'eft encore occupé de perfectionner cet ingénieux & utile inftrument.

La méthode des diftances de la lune au foleil, ou à une étoile, fut d'abord propofée par Kepler, & enfuite adoptée par Halley & la Caille, qui en firent ufage, ainfi que tous les aftronomes qui ont navigué depuis. Le docteur Maskeline, envoyé à Sainte-Hélène en 1761, pour

obferver le difque du foleil, ayant éprouvé cette méthode, le recom-
manda aux marins dans un ouvrage imprimé à Londres en 1763, ayant
pour titre : *British mariners guide*. Ce fut en 1767 que je fis les premières épreuves de ce moyen de déterminer à la mer la longitude.
J'étois embarqué fur le vaiffeau l'*Union*, où le général Breugnon
paffoit ambaffadeur à Maroc. Je fis dans ce voyage plufieurs
obfervations d'éclipfes de fatellites de Jupiter, fur une chaife fuf-
pendue comme la lampe de Cardan : ma lunette étoit armée d'un
verre dépoli, qui me faifoit retrouver Jupiter avec célérité, lorfque
le timonier me le faifoit perdre par des *hollophées* ou des *arrivées*.
Je joignis à ce genre d'obfervations un affez grand nombre d'obfervations de diftance, que je fus forcé de calculer par des méthodes
directes, & en cherchant le lieu de la lune par les tables de Mayer.
Les règles de ce calcul, que j'ai donné en 1768 dans un ouvrage
imprimé à Breft, qui a pour titre : *Opufcules Mathematiques*, ne font
certainement pas à la portée du commun des navigateurs. On l'a
bien fenti, & on a donné depuis aux marins la diftance calculée
de la lune au foleil & aux principales étoiles, de trois heures en
trois heures. On trouve dans mes Opufcules un mémoire que je
préfentai à l'académie en 1766, fur la théorie générale de tous les
inftrumens qui peuvent fervir à la mer à la mefure des angles,
depuis l'arbaleftrille jufqu'au fextant ; & ce qui peut fixer peut-être un
moment l'attention de l'inftitut, c'eft que l'on y trouve des inftrumens abfolument inconnus, & que l'on voit avec quelle facilité
les inftrumens les plus différens fe déduifent les uns des autres :
c'eft dans ce mémoire que l'on reconnoît le premier ufage que
j'ai fait des primes achromatiques pour la mefure des angles.
L'on fait que j'ai donné depuis une grande extenfion à ce travail
par la mefure précife des petits angles, au moyen de la double
réfraction du criftal de roche ; j'avoue franchement que je ne
fongeois pas alors à la propriété du cercle dont Tobie Mayer &
le feu duc de Chaulnes firent depuis un ufage fi utile, le premier dans

fon cercle à mefurer les angles, & le fecond dans fa machine à divifer.

Le cercle de Mayer paffant par les mains habiles de notre collègue Borda, eft devenu, aux moyens de la difpofition qu'il a donnée aux miroirs, & de l'efpèce d'obfervation qu'il a imaginée, le plus parfait & le plus utile inftrument pour la mefure précife des grands angles, tant fur terre que fur mer. Il n'eft peut-être pas, dans le feul cas d'une obfervation ifolée, le plus commode; mais on eft bien affuré qu'à la mer, on peut prendre déformais des diftances exemptes d'erreurs fenfibles. Il n'y a donc plus que les erreurs des tables à redouter; & l'on fait que, par les travaux des géomètres & des aftronomes, ces erreurs ne peuvent pas influer fenfiblement fur la fûreté de la navigation. La conftruction de ces favantes tables donne des droits à la reconnoiffance des nations, à Neuton, aux Euler & Lagrange, à Tobie Mayer, d'Alembert, Clairaut & Laplace. On ne peut pas, fans ingratitude, paffer fous filence les nombreufes obfervations de notre collègue Lemonnier, ce refpectable patriarche de l'aftronomie, qui s'eft particulièrement attaché à redreffer les erreurs des tables de la lune, pendant le long cours d'une vie prefque toujours confacrée aux progrès de l'aftronomie & de la fcience nautique.

Nous avons dit que la connoiffance de la latitude fuffifoit ftrictement, ou plutôt facilitoit dans la plupart des cas au navigateur les moyens de fe rendre d'un port dans un autre; mais nous n'avons pas fait voir les fervices que la connoiffance de la longitude pouvoit lui rendre. On fent d'abord qu'elle peut & qu'elle doit abreger les traverfées, puifque dès-lors la route peut être directe, au lieu d'être indirecte; mais que de dangers n'évite-t-on pas lorfqu'on eft affuré du lieu où l'on eft, fur-tout en temps de guerre, où la crainte de fe perdre à la côte par les erreurs inévitables de l'eftime, oblige de faire peu de voiles la nuit, lorfqu'on fe croit près de l'atterage? Il eft encore des côtes qui font fenfiblement par la

même

même latitude ; telles font, par exemple , les côtes d'Efpagne, depuis Saint-Sébaftien jufqu'au cap Finiftère : dans ce cas, la connoiffance de la latitude ne fuffit pas pour arriver au port où l'on veut jeter l'ancre ; mais fi , par exemple, on a intérêt de fe rendre à l'Ifle de France , & que l'ennemi ait établi fa croifière au vent, entre Rodrigue & l'Ifle de France, comment y arrivera-t-on fans la connoiffance précife de la longitude, qui peut feule permettre d'attaquer l'ifle à la bordée, ou même un peu fous le vent avant de s'être mis en latitude ? Si l'on n'a point cette connoiffance , on eft pris par l'ennemi , ou bien l'on manquera l'ifle, du moins on en courra l'éminent danger. Je va's citer quelques faits qui me font perfonnels ; plufieurs navigateurs peuvent en produire d'autres non moins concluans : ils n'ont pas peu contribué , par leur autenticité, à infpirer aux marins le defir d'acquérir ces falutaires connoiffances. Ces faits fe font paffés fur différens bâtimens fur lefquels j'ai été embarqué depuis 1768 jufqu'en 1774. Sur la flute *la Normande*, nous avons gagné Rodrigue à l'air de vent ; fur *l'Heure du Berger* où j'étois employé pour fixer la pofition des îles & écueils qui féparent la mer des Indes de la côte de Coromandel & de l'Ifle de France : c'eft aux obfervations de diftances que les deux corvettes, *l'Heure du Berger* & le *Verd-Galant*, dûrent leur falut, tant fur Ceylan que fur les îles Adu & Candu. Ces îles, ou plutôt ces écueils, font au nombre de douze , & font fitués par la latitude méridionale , de cinq degrés fix minutes. Ces mêmes obfervations rendirent le même fervice au vaiffeau le *Villevaut*, qui , du cap de Bonne-Efpérance , gagna à l'air du vent l'île de l'Afcenfion & les Açores : une tempête affreufe, à la vue de ces îles , nous fit arriver à l'atterage de l'orient dans l'état le plus déplorable ; & au moment où l'on alloit fonder, nous reçûmes , au voifinage de la Roche-la-Chapelle , un coup de mer effroyable. Notre vaiffeau fut un moment engagé ; il fallut que le capitaine Maugendre prit fur-le-champ le parti de fe réfugier à la Corogne, les vents étant au nord-eft, & le vaiffeau coulant bas d'eau. Le

B

moindre retard dans la route nous expofoit à un naufrage ; il falloit attaquer la rade de la Corogne par l'air de vent : des obfervations multipliées nous rendirent ce fignalé fervice , fur une côte où la feule connoiffance de la latitude eft infuffifante , parce que la côte fe prolonge de l'eft à l'oueft.

Il eft un autre fait qui n'eft pas moins concluant , & dont le vice-amiral Rofily, officier très-inftruit , a une parfaite connoiffance. Nous étions embarqués l'un & l'autre fur le vaiffeau *le Berryer*, commandé par le contre-amiral Kerguelen. Le vaiffeau éprouva , depuis le Cap de Bonne-Efpérance jufqu'aux parages des vents généraux, une erreur de cent trente lieues dans fon eftime : s'il s'étoit mis en latitude, il tomboit fous le vent des Ifles de France & de la Réunion ; & fans la variation de l'aiguille aimantée , qui , dans ces parages, indique affez bien la longitude . il auroit pû fe perdre fur Madacafcar ; mais les obfervations de diftance de la lune au foleil, auxquelles le capitaine Kerguelen n'ajoutoit pas une grande confiance , le forcèrent cependant d'abandonner, en virant de bord , le parage des vents généraux, pour chercher, avec des vents variables , à fe mettre au vent de l'Ifle de France , & à gagner le port du nord-oueft de cette ifle à la bordée : c'eft ce qu'il obtint par mes obfervations , & à l'aide d'une excellente horloge marine de Ferdinand Berthoud, que les navigateurs doivent regarder comme l'un de leurs plus zélés bienfaiteurs. Je me félicite d'avoir trouvé cette occafion de lui témoigner devant l'inftitut, dont il eft membre, le tribut d'éloge qui eft dû à fon zèle & à fes talens de la part de tous ceux qui s'intéreffent aux progrès de la fcience nautique. Ici on doit faire une mention honorable des recherches du frère de notre collègue Le Roy & du citoyen Louis Berthoud, dont les montres marines font des chef d'œuvres. Je n'ai rien vû , je n'ai rien éprouvé en ce genre de plus parfait que les derniers gardes-temps que Louis Berthoud vient de livrer à la marine. Tout ce qui a rapport aux horloges marines , tout ce qui concerne la manière de prendre l'heure à la mer & de la calculer , fera amplement traité dans un mémoire féparé, que je ne peux pas publier dans ce moment, mais qui le fera , lorfque j'aurai fuivi pendant plus de temps la marche des gardes-temps qui font à Breft, & que le citoyen Martin , élève de Ferdinand Berthoud , répare dans ce moment. Il eft douloureux de penfer que des inftrumens auffi précieux, qui doivent être fi utiles à la navigation & au perfectionnement des cartes hydrographiques , qui ont enfin coûté tant de peines & tant d'argent, aient été totalement abandonnés dans les ports , & qu'au départ de notre armée navale pour l'expédition d'Irlande, il n'y en ait pas eû une feule en état de rendre des fervices. Je dis plus : parce qu'on a embarqué fur cette efcadre l'horloge marine n°. 8, de Ferdinand Berthoud , qui n'a été réparée que vingt-quatre heures avant le départ de l'armée, & une petite horloge marine, qui, par quelques frottemens dans l'échappement, s'arrêtoit dans tous les tranfports. On en a conclu que ces inftrumens avoient été plus nuifibles qu'utiles pour la direction de la route de la frégate fur laquelle le général en chef étoit embarqué : une telle défaveur eft bien nuifible aux arts & aux fciences; elle ne devroit pefer que fur ceux qui devroient faire tenir en bon état des inftrumens fi utiles à la fûreté de la navigation, & au perfectionnement des cartes marines. Mais de tels accidens n'arriveront plus déformais dans le principal port de la République , le directoire exécutif & le miniftre de la marine, le citoyen Pleville-le-Peley , qui eft très-fortement difpofé à perfectionner un art où il s'eft diftingué , ont pris des mefures pour faire renaître à Breft le goût de l'inftruction, en ordonnant qu'il foit élevé dans le moindre délai un obfervatoire.

On a peine à concevoir , & les gens éclairés ne le conçoivent pas , qu'un port auffi important que le principal arfenal des forces maritimes de la République , foit privé d'un établiffement auffi néceffaire. Depuis plus de trente années le terrain pour élever cet édifice eft acquis par la marine; tous les matériaux font à pied d'œuvre ; la thiourme fournit des bras fans dépenfe & avec profufion ; des bois de conftruction de rebut fuffifent pour la charpente, & tous les aménagemens intérieurs & extérieurs : avec ces reffources, peut-on fe figurer qu'on ait été de tout temps privé d'un lieu propre à vérifier les inftrumens deftinés à prendre les diftances, & les compas de route & de variations, enfin à connoître la marche des horloges marines ? Depuis le voyage à Breft du vice-amiral Truguet, alors miniftre, on a élevé par fon ordre un petit obfervatoire en bois, où l'on commence déjà à faire des obfervations utiles à la navigation. Un habile profeffeur, le citoyen Lancelin, particulièrement connu de nos collègues Borda & Laplace, doit ouvrir, ou a déja ouvert, un cours d'aftronomie nautique : les officiers qui cherchent à s'inftruire y accourent avec zèle ; & ils attendent avec impatience que le principal établiffement foit élevé, afin de fe procurer toutes les connoiffances que l'art du navigateur exige. Certes, la plus utile application de l'aftronomie, de cette fcience fublime qui enfeigne aux hommes à connoître les mouvemens des corps céleftes, eft de pouvoir diriger le navigateur dans fa route. Il eft inutile que je cherche à pénétrer l'inftitut de cette vérité ; il en eft auffi convaincu que je puis l'être ; mais comme fes confeils font du plus grand poids, je le follicite en ce moment, au nom de l'humanité, au nom du falut du navigateur, au nom enfin de la marine entière, à engager le Directoire, & particulièrement le citoyen la Reveillère-Lepaux, dont tous les foins, dont tous les vœux pour l'inftruction publique font fans ceffe dirigés vers les fciences utiles, de continuer à s'intéreffer au fuccès d'un établiffement dont ils fentent bien vivement l'importance, puifque la vie des hommes, le falut du navigateur en dépendent.

L'on fait que le citoyen Maingon, lieutenant de vaiffeau, n'a fait fon quartier de réduction & fa carte trigonométrique, qui facilite la converfion de la diftance apparente en diftance vraie, que par l'accueil diftingué que le citoyen Truguet lui fit à Breft, & par le vif intérêt que ce miniftre montra dès-lors aux progrès de l'aftronomie nautique. C'eft un hommage que je lui dois fous tous les rapports, & que je me plais à lui rendre.

La réduction de la distance apparente de la lune au soleil, ou à une étoile, est l'opération fondamentale de la science des longitudes. Elle peut s'opérer par le calcul ou par des moyens graphiques. Nous allons examiner le moyen qui est à préférer pour le commun des navigateurs.

Le méridien est un grand cercle de la sphère qui passe par le pole & par le zénith. Tous les pays qui n'ont pas le même méridien différent en longitude. Si on choisit l'observatoire de Paris pour premier méridien, alors on nommera longitude la différence qui se trouve entre le méridien de tout autre lieu & celui de l'observatoire. Il suit dela que la longitude peut être orientale ou occidentale. Elle est orientale lorsque le soleil passe au méridien de ce lieu plutôt qu'à Paris, elle est occidentale lorsqu'il y passe plus tard. Il ne peut donc y avoir plus de douze heures, ou cent quatre-vingt degrés entre l'observatoire de Paris & un lieu quelconque de la terre ; il suit encore de cette même définition que tout phénomène, qui arrive & se voit au même instant dans toutes les parties du monde sert à donner la longitude, tels sont les éclypses de lune & de satellites de Jupiter.

Prenons pour exemple une éclypse de lune. La connoissance des mouvemens célestes annonce le commencement d'une éclypse de lune le 12 prairial an 6, pour quatre heures 36 minutes du soir, je ne la vois à la mer qu'une heure plus tard, d'où je conclus que je suis à une heure ou à quinze degrés de longitude à l'occident de Paris. Si je me trouve au contraire dans un lieu où le commencement de cette éclipse paroit une heure plutôt qu'à Paris, il est palpable qu'alors ma longitude sera encore d'une heure ou de quinze degrés à l'est du méridien de l'Observatoire de Paris. Mais une éclipse de lune n'est occasionnée que parce que le corps opaque de la terre intercepte les rayons du soleil qui éclairent la lune ; il faut donc alors que le soleil la terre & la lune soient dans le même alignement. Ainsi la distance angulaire de la lune au soleil, par rapport à la terre, est dans ce cas de cent quatre-vingt degrés. On conçoit donc que si la connoissance des mouvemens céleftes donnoit à tous les inftans la diftance-angulaire de la lune au foleil, par rapport au méridien de l'Obfervatoire, c'eft comme fi elle donnoit au navigateur une éclipfe de lune à tous les momens pour lui indiquer la longitude. Mais on fent auffi que le navigateur eft alors forcé de prendre la diftance angulaire de la lune au foleil avec une grande exactitude, par un cercle à reflexion, fabriqué par le citoyen Lenoir, dont l'Inftitut connoît les talens, s'il veut fe diriger & fe conduire fûrement dans les déferts dangereux du vafte Océan. La connoiffance des mouvemens céleftes ne donne, il eft vrai, que de trois heures en trois heures la diftance angulaire de la lune au foleil ou à une étoile, car c'eft abfolument la méme chofe; mais par une fimple proportion on a cette diftance pour tous les inftans, il ne refte plus qu'une difficulté & c'eft celle qui arrête les progrès de la fcience des longitudes; les aftres ne paroiffent à leur vraie place qu'au zénith, ainfi les diftances que l'on prend font apparentes & non réelles; c'eft cette réduction de diftances apparentes en diftances vraies qui fait ici la difficulté. Ces déplacemens font occafionnés par l'effet de la parrallaxe & celui de la réfraction. On a des tables commodes qui donnent cette correction; mais on doit reconnoitre qu'alors le triangle fphérique eft changé. Le premier triangle eft formé par les verticaux des deux aftres & par leurs diftances apparentes. Or, les trois côtés de ce triangle étant connus par l'obfervation, on a, par les premières règles de la trigonométrie, l'angle au zénith. Si on corrige donc la pofition de chaque aftre dans fon vertical, de l'effet de la parallaxe & de la réfraction, on aura un nouveau triangle dont on connoît l'angle & les deux côtés adjacens; & par les règles ordinaires de la trigonométrie on trouvera la diftance vraie de la lune au foleil. Telle eft la méthode que la trigonométrie fournit directement pour convertir en diftance vraie, la diftance apparente. Elle en fournit d'autres qui font d'un ufage plus commode, mais elles ne montrent pas au marin qui s'en fert, auffi nettement, le problème qu'on lui fait réfoudre. Nous ne parlerons

pas ici de ces méthodes indirectes, elles ont été traitées avec la plus
grande généralité par le citoyen Lévêque, auteur d'un bon ouvrage
qui a pour titre : le Guide du Navigateur. On trouve dans la connoiffance des tems de l'an fix, l'extrait d'un excellent mémoire de ce favant
hydrographe, qui a pour titre : *Théorie des différentes methodes trigo-
nometriques , employées par les navigateurs pour réduire la distance
apparente des centres des astres observés à leur distance vraie pour le
calcul des longitudes, & exposition de plusieurs autres methodes, toutes
fondées sur la même propriete des triangles sphériques.*

Le citoyen Lévêque se propose encore de donner une plus grande
extenfion à ce travail, & certes, le navigateur instruit ne peut pas
avoir un guide plus habile & plus verfé dans tout ce qui a rapport
à la fcience nautique. C'est un hommage que les hommes qui s'intéreffent aux progrès de la fcience nautique lui doivent ; mais moi qui ne
cherche dans ce mémoire qu'à defcendre à la portée du commun
des navigateurs, je dois renoncer à entretenir l'Institut de tout
ce qui peut préfenter quelques difficultés ou quelqu'embarras
à des marins , qui ne font pas initiés dans les premiers principes des fciences exactes : je dois m'occuper de leur indiquer
la méthode graphique la plus appropriée à leur befoin & la plus
facile à apprendre & à retenir. Ici il ne peut être question d'une
méthode rigoureufe. Les tables de la lune n'en font pas d'ailleurs
encore fufceptibles ; enfin il faut qu'on le fache, & il importe de
le dire, la connoiffance de la longitude qui est moindre que le tiers
ou la moitié d'un degré , est , finon inutile , du moins de peu
d'importance au navigateur ; pourvu qu'il la connoiffe dans ces
limites il peut, avec une bonne latitude, naviguer avec fureté.

Notre collègue Lemonnier qui a de tout les tems mis un grand
prix à l'étude des méthodes graphiques, les plus appropriées aux
befoins de la navigation, m'engagea particulièrement de m'en occuper ; j'imaginai en conféquence un instrument qui donnoit la diftance vraie au lieu de la diftance apparente. Cet instrument est dé-
crit dans un ouvrage qui a pour titre : *Recherches fur la mécanique
& la phyfique.* Cet ouvrage fut imprimé chez Barrois l'ainé

en 1783 & l'inftrument fut exécuté par le citoyen Lenoir , qui demeure au dépôt. Il fut deftiné pour le voyage de Lapeyroufe ; c'étoient des prifmes acromatiques qui détruifoient dans le fens de la hauteur, l'effet de la parallaxe & de la réfraction. Le citoyen Leguin préfenta long-tems après, l'ingénieux compas à quatre branches avec un rapporteur & une méthode qui rend infenfibles les erreurs de la divifion; cette favante méthode eft due à notre collègue Borda, qui en a donné la démonftration & l'ufage dans la connoiffance des tems; elle peut s'appliquer avec un égal fuccès à la majeure partie des méthodes graphiques. Il parut en 1790, à Londres, un volume de cartes qui renferme, fous un moindre volume, les grandes tables du favant docteur Spheperd. Ces cartes font d'un artifte nommé Margettes, & elles font d'un ufage fi commode que je cherchai, pour en diminuer le prix, avec un artifte habile & induftrieux, le citoyen Richer, de les faire imprimer au-lieu de les faire graver. Je fis à ce fujet une dépenfe affez confidérable en caractère d'un genre abfolument inconnu dans l'imprimerie. Ce travail ne put pas être achevé parce que je reçus les ordres de me rendre à Breft. Les cartes de Margettes coutent quatre à cinq guinées, & celles que je devois publier pouvoient fe donner au navigateur pour cinq francs. A cet époque l'académie des fciences voulut bien, fur l'expofé que j'eus l'honneur de lui faire, indiquer pour le prix de l'année 1790, fondé par le célèbre Raynal, la queftion fuivante :

Trouver pour la réduction de la diftance apparente de deux aftres, en diftance vraie, une methode fûre & rigoureufe qui n'exige cependant dans la pratique, que des calculs fimples & à la portée du plus grand nombre des navigateurs.

Je n'entrerai dans aucun détail fur l'inftrument du citoyen Richer, qui a remporté ce prix; l'on fait qu'il eft fondé fur une méthode de notre collègue Lagrange, qui réduit en triangles rectilignes, les triangles fphériques. Des divifions inégales rendent cet inftrument d'une conftruction difficile & d'un prix au-deffus des moyens

du commun des navigateurs, & quoique j'aie contribué à la perfection de cet inftrument par des micrometres d'un genre nouveau,
je fuis forcé d'avouer qu'il faut encore beaucoup d'adreffe & d'in-
telligence pour en faire ufage. J'imaginai qu'un cercle brifé rempli-
roit mieux mes vues. Je fis conftruire par le citoyen Gourdain, un
cercle d'un pied de diametre, brifé par le milieu & repréfentant deux
rapporteurs. Ce cercle brifé préfente tous les triangles fphériques
formés par les complémens des hauteurs de la lune & du foleil, au-
deffus de l'horizon, & un compas à verge, porté fur les extrémités
des alhidades, donne la diftance apparente, & indique par le pro-
cédé du citoyen Borda, la correction qu'on doit faire à la diftance
apparente pour obtenir la diftance vraie (*).

J'étois occupé avec le Citoyen Demeuré, artifte habile & intel-
ligent, & chef des ateliers des bouffoles, à Breft, de mettre cet
inftrument à la portée des moyens pécuniaires du commun des navigateurs, lorfque le citoyen Maingon, lieutenant de vaiffeau, me
montra une carte trigonométrique. qui réduifoit en fept minutes la
diftance apparente en diftance vraie avec beaucoup d'exactitude.
Cette carte eft fondée fur une formule de la nature des formules
différentielles, car elle donne pour diftance vraie, la diftance apparente, plus ou moins, des quantités peu confidérables, qui peuvent
être repréfentées par de grandes échelles. Cette utile formule fe
déduit avec une extrème facilité, de la belle méthode générale du
citoyen Lévêque, pour la converfion de la diftance apparente en
diftance vraie. Ce que je dis ici n'affoiblit en aucune manière le
mérite que le citoyen Maingon a eu de donner le premier, une
formule qui fournit une foule de méthodes graphiques, plus ou
moins commodes, plus ou moins appropriées aux befoins du navigateur. Tout ce qui fe fera déformais à ce fujet, dirigera fur lui
les obligations dont la marine lui eft redevable (**).

Parmi cette foule de méthodes graphiques que les formules différentielles procurent, je préfenterai à l'Inftitut celle qui me femble
le plus à la portée du commun des navigateurs. Je ne me fuis pas

---

(*) Le citoyen Lévêque m'a dit que le Lord Cambell en avoit fait conftruire un femblable avec une grande perfection.

(**) Le Miniftre Pleville s'eft empreffé de l'appeller auprès de lui pour faire graver la carte au dépôt.

attaché à une précifion trop rigoureufe ; j'en fens trop 'es inconvé-
niens & l'inutilité : j'ai donc conftruit deux cartes, qui ne font
pas gravées, mais imprimées, comme celles que je projettois de
faire exécuter pour les cartes de Margettes. Ces deux cartes, que
je défigne fous la dénomination de P & de p, font des fonctions
de la parallaxe & de la réfraction. On en trouve la valeur lorfqu'on connoît la hauteur apparente de la lune, & fa parallaxe horizontale. Ces fonctions ne s'élèvent qu'à des minutes & des dixièmes de
minute ; elles fervent de rayon fur le quartier ordinaire de réduction.

1.° Pour trouver, par la carte P, le rayon qui fert avec l'arc de
diftance apparente de la lune au foleil, à donner fur le quartier le
cofinus de cette diftance en minutes & dixième de minutes.

2.° Le rayon qui eft donné par la feconde carte p, fert avec l'arc de
la hauteur apparente du foleil ou de l'étoile, à connoître fur le même
quartier la valeur du finus de cette hauteur en minutes & dixième
de minutes ; on retranchera enfuite le fecond produit du premier,
lorfque la diftance apparente n'excédera pas 90 degrés ; car, dans le
cas contraire, le cofinus de la diftance devient alors comme le fecond produit négatif. Il y a encore une petite correction à faire
à ce premier réfulat ; mais il m'a paru que cette correction ne va-
loit pas la peine de conftruire une carte ; une fimple table fuffit
pour cette fonction de la réfraction, qui fert auffi de rayon fur
le quartier pour former le finus en minutes & dixième de minutes
de la hauteur de la lune. Cette quantité eft toujours à ajouter au
précédent réfultat. Le nombre qui réfulte de l'addition & de la
fouftraction de ces trois produits en minutes & dixième de minutes,
repréfentera fur le quartier de réduction le finus de l'arc de la diftance apparente de la lune au foleil ou à l'étoile, & fervira par
conféquent à faire connoître en minutes & dixième de minutes le
rayon de cet arc. Or, ce rayon eft fenfiblement la correction à faire
à la diftance apparente pour la convertir en diftance vraie. Voici
la table qui donne fur le quartier ordinaire de réduction, la fonction
de la réfraction qui fert de rayon à la hauteur de la lune.

Hauteur apparente du soleil ou de l'étoile.	Fonction de la réfraction en minutes & dixième.
5°	9′, 8
6	8′, 3
7	7′, 3
8	6′, 4
9	5′, 7
10	5′, 2
11	4′, 7
12	4′, 3
13	4′, 0
14	3′, 7
15	3′, 5
16	3′, 3
17	3′, 1
18	2′, 9
19	2′, 7
20	2′, 6
21	2′, 5
22	2′, 4
23	2′, 3
24	2′, 2
25	2′, 1
26	2′, 0
27	1′, 9
28°	1′, 9
29	1′, 9
30	1′, 8
31	1′, 7
35	1′, 5
40	1′, 3
60	0′, 58
90	0′, 57

Préfentons à l'Inftitut un exemple de cette méthode, dont il fent certainement déjà l'extrême fimplicité. Je le choifis dans mon ouvrage qui a pour titre : *Recherches fur la mécanique & la phyfique.*

Le 16 août 1771 , étant par la latitude fud de 22 degrés 15 minutes , & par 83°14 à l'orient de Paris à 3 h. 22' de tems vrai, j'ai trouvé , avec un excellent fextant de Ramfden , la diftance apparente des centres de la lune & du foleil de 79° 18'; la hauteur apparente du centre de la lune étoit à cet inftant de 47°33, & celle du foleil de 43° 25'. La parallaxe horifontale de la lune étant de 58', ma première carte *P* me donnera fur-le-champ pour fonction de la parallaxe & de la réfraction 40', 5, & celle de la feconde table *p* fera de 56', 9 minutes.

Enfin, par la table que je viens de donner , la fonction de la réfraction donnera, dans ce cas-ci , une minute & un dixième : ce font les trois rayons qui font néceffaires à l'opération. Ils donnent $+ 9' - 39' + 1 = - 29'$. C'eft le finus de la diftance apparente qui a pour rayon 30'; ainfi la correction fera, dans ce cas, de 30', qu'il faudra retrancher de 79° 18'; ce qui fait pour la diftance vraie 78° 48. Le calcul fait dans mon ouvrage par la méthode du citoyen Borda , ne s'écarte que d'environ un dixième de minutes du réfultat obtenu par notre méthode graphique.

J'ai pris devant l'Inftitut une tâche bien pénible , celle de l'entretenir fi longuement des moyens de mettre des connoiffances , peu difficiles par elles-mêmes , à la portée des hommes les moins initiés dans l'étude des fciences exactes ; mais mon but fera rempli, s'il daigne prendre quelqu'intérêt à ce travail, qui a pour objet les progrès de la navigation ; & le falut du navigateur.

F I N.

De l'Imprimerie de PRAULT , quai des Auguftins , à l'Immortalité, N°. 44.

Préfentons à l'Inftitut un exemple de cette méthode, dont il fent certainement déjà l'extrême fimplicité. Je le choifis dans mon ouvrage qui a pour titre : *Recherches fur la mécanique & la phyfique.*

Le 16 août 1771, étant par la latitude fud de 22 degrés 15 minutes, & par 83°14 à l'orient de Paris à 3 h. 22′ de tems vrai, j'ai trouvé, avec un excellent fextant de Ramfden, la diftance apparente des centres de la lune & du foleil de 79° 18′; la hauteur apparente du centre de la lune étoit à cet inftant de 47°33, & celle du foleil de 43° 25′. La parallaxe horifontale de la lune étant de 58′, ma première carte P me donnera fur-le-champ pour fonction de la parallaxe & de la réfraction 40′, 5, & celle de la feconde table p fera de 56′, 9 minutes.

Enfin, par la table que je viens de donner, la fonction de la réfraction donnera, dans ce cas-ci, une minute & un dixième : ce font les trois rayons qui font néceffaires à l'opération. Ils donnent $+ 9′ - 39′ + 1 = - 29′$. C'eft le finus de la diftance apparente qui a pour rayon 30′; ainfi la correction fera, dans ce cas, de 30′, qu'il faudra retrancher de 79° 18′; ce qui fait pour la diftance vraie 78° 48. Le calcul fait dans mon ouvrage par la méthode du citoyen Borda, ne s'écarte que d'environ un dixième de minutes du réfultat obtenu par notre méthode graphique.

J'ai pris devant l'Inftitut une tâche bien pénible, celle de l'entretenir fi longuement des moyens de mettre des connoiffances, peu difficiles par elles-mêmes, à la portée des hommes les moins initiés dans l'étude des fciences exactes ; mais mon but fera rempli, s'il daigne prendre que'qu'intérêt à ce travail, qui a pour objet les progrès de la navigation ; & le falut du navigateur.

F I N.

De l'Imprimerie de PRAULT, quai des Auguftins, à l'Immortalité, N°. 44.

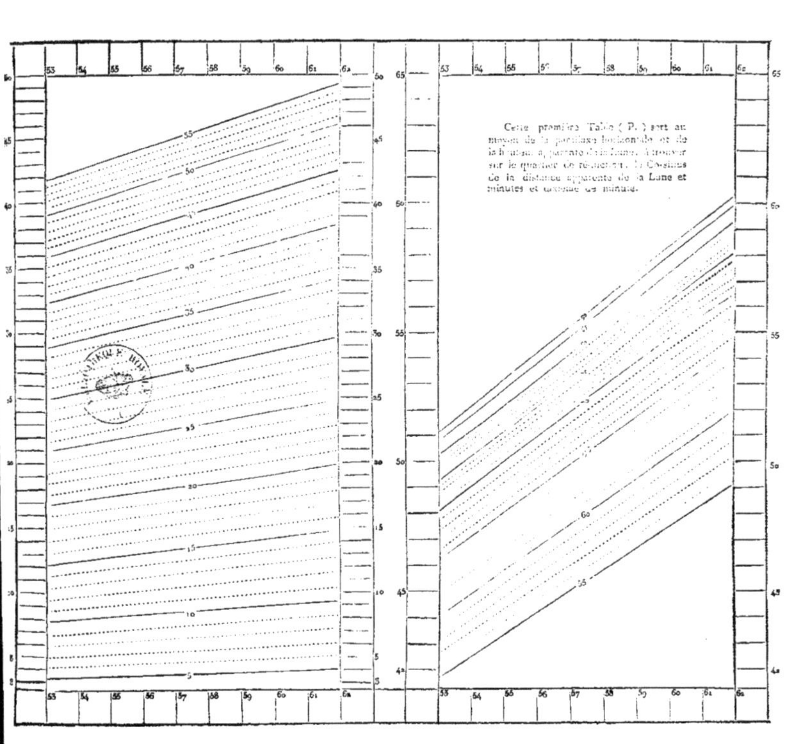

Cette première Table (P.) sert au
moyen de la parallaxe horizontale et de
la hauteur apparente de la Lune, à trouver
sur le quartier de réduction, le Cosinus
de la distance apparente de la Lune et
minutes et dixième de minute.

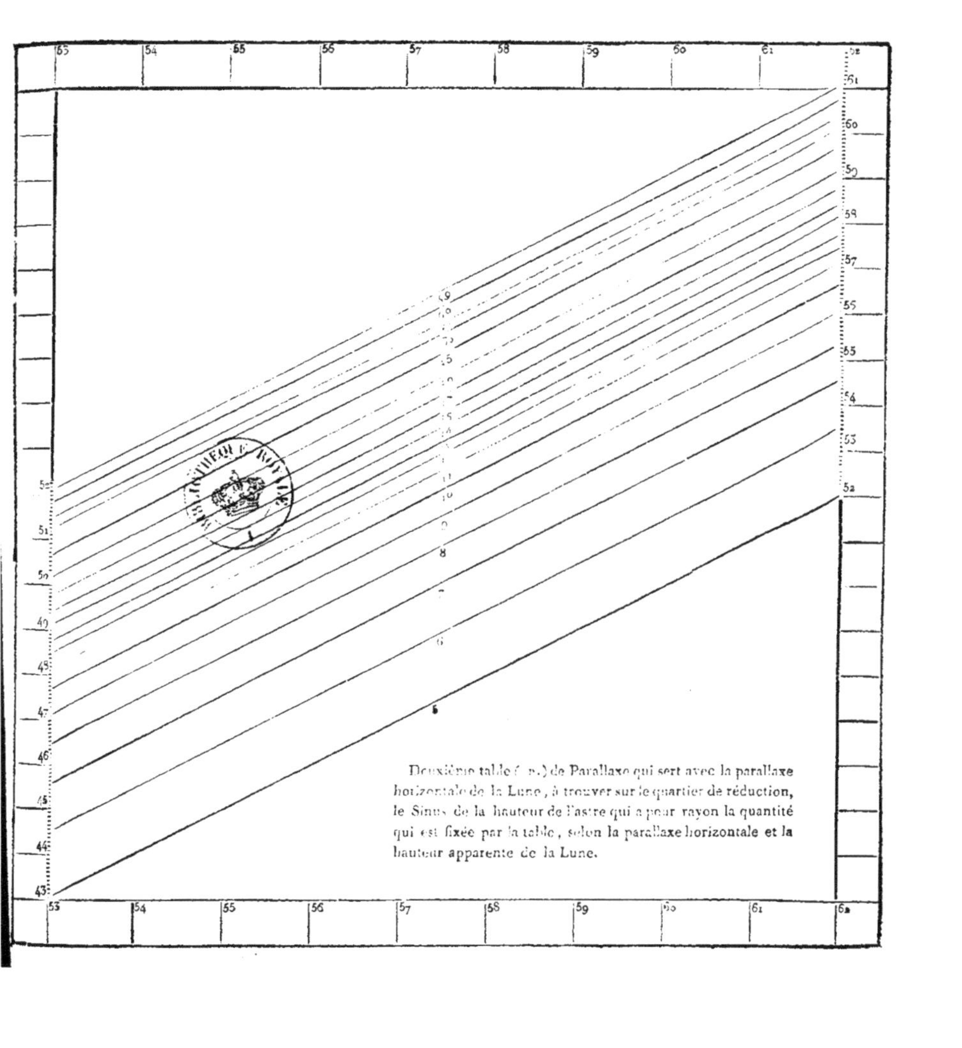

Deuxième table (...) de Parallaxe qui sert avec la parallaxe
horizontale de la Lune, à trouver sur le quartier de réduction,
le Sinus de la hauteur de l'astre qui a pour rayon la quantité
qui est fixée par la table, selon la parallaxe horizontale et la
hauteur apparente de la Lune.